Introduction

La technique a envahi nos vies. Cependant, le temps reste un élément très important pour tout un chacun. « Quel temps fera-t-il ? » Rares sont ceux qui, parmi nous, peuvent répondre à cette question que nous nous posons si souvent. Le ciel nous donne, en effet, bien peu de renseignements sur le temps qu'il fera demain. Nous ne savons plus reconnaître les signes de la nature ni les interpréter comme le faisaient nos grands-parents vivant à la campagne. Quant à la météorologie nationale, elle ne nous est pas d'un grand secours : si elle donne l'évolution du temps pour l'ensemble du pays, elle ne rentre pas dans les détails en ce qui concerne les différentes régions.

Ce guide vient combler une lacune. À l'aide de photographies, de dessins en couleurs et de commentaires à la portée de tous, il explique la signification des indices météorologiques visuels (les nuages) permettant de connaître l'évolution du temps. Grâce à ces photographies et aux graphiques correspondants, vous serez à même de reconnaître les nuages de votre région.

Les informations fournies par ce guide vous seront utiles où que vous vous trouviez. En Europe centrale, les prévisions météorologiques sont établies en accord avec la « ceinture des vents d'ouest ». Il convient de remarquer que l'intensité des zones de basses pressions augmente lorsqu'on va vers le nord car leur centre est plus septentrional alors que, dans le sud, cela n'entre en ligne de compte que pour les zones périphériques des basses pressions. Dans les régions proches des Alpes, des situations météorologiques typiques comme le fœhn se produisent rarement ailleurs.

N'attendez pas de solution miracle de ce guide. Vous devez avant tout acquérir de l'expérience avant de pouvoir faire des prévisions météorologiques relativement fiables. Utilisez donc ce guide aussi souvent que possible, emportez-le lors de vos promenades. Comparez ensuite vos propres prévisions établies à l'aide des photos du livre avec le bulletin météorologique. Consultez régulièrement baromètres et hygromètres. Vous progresserez rapidement et saurez bientôt prévoir le temps. Vous appréhenderez ainsi un des aspects de la nature que nous avons tous oublié depuis longtemps.

Sommaire

Apprendre à lire dans les nuages : Connaître la forme globale des nuages et les répartir en catégories (nuages de l'étage inférieur, moyen, supérieur), acquérir les bases de la météorologie constituent les préliminaires nécessaires à la reconnaissance des nuages et à la compréhension de l'évolution du temps.

Observer le ciel et les nuages : Essayer de comprendre ce qui se passe en les comparant aux illustrations de ce guide. Le phénomène se déroule-t-il dans une zone de basses pressions, de hautes pressions, ou dans une situation intermédiaire ? Les différents chapitres de cet ouvrage sont organisés de façon que vous puissiez reconnaître les situations météorologiques typiques à l'aide des illustrations.

Observer les variations de pression, température et humidité atmosphériques : Les valeurs de ces indices mesurables, que vous pouvez lire sur des appareils très simples, vous donneront des informations sur les modifications des paramètres non visuels des phénomènes météorologiques. Analysés en tenant compte du paysage nuageux observé, ces chiffres vous aideront à prévoir le temps des heures et jours à venir.

Suivre quotidiennement le bulletin météorologique diffusé par les médias (radio, télévision, presse) : La connaissance de la situation globale viendra compléter vos observations personnelles des données visuelles et mesurables. Vous pourrez alors faire des prévisions assez fiables sur l'évolution du temps dans votre région.

Lire, chez le même éditeur :
La Météo, Questions de temps, René Chaboud, Paris, 1996.
100 Orages faciles à prévoir, Alex Hermant, Paris, 1996.

Temps d'été avec cumulus

Bonne et mauvaise prévisions météorologiques

Ce sont aujourd'hui des stations météorologiques centrales qui déterminent leurs données techniques à l'aide de puissants ordinateurs, qui répondent à nos questions sur le temps en diffusant quotidiennement sur les médias des bulletins d'information. Suivant la calculabilité de la situation météorologique, les prévisions se révèlent plus ou moins exactes. Ce sont essentiellement les excès d'approximation qui rendent inutilisables bien des prévisions météorologiques. Lorsque le secteur considéré est trop étendu, la grande diversité des données régionales à prendre en compte explique souvent les erreurs de prévisions. En outre, les stations météorologiques ne proposent – malgré les progrès de la technique – que des probabilités, valables, qui plus est, pour de très courtes périodes seulement. Les bulletins quotidiens, truffés de formulations évasives comme « variable », « amélioration locale », « précipitations par endroit », ne donnent guère d'informations à leurs destinataires qui ne comprennent pas, par ailleurs, les explications scientifiques de la météorologie marine, pourtant très utiles. Il est certes tentant de faire porter la responsabilité de notre déception à la météorologie nationale. Cela est cependant injuste, car nous sommes en fin de compte nous-mêmes responsables de notre méconnaissance du temps. L'homme s'est éloigné de la nature ; il ne sait plus voir ; séduit par le confort, il est devenu trop paresseux pour se faire lui-même une idée des phénomènes. Il a ainsi oublié ce que des siècles d'expérience lui avaient transmis, et il reçoit de ce fait des informations qu'il ne peut appréhender car leur objet – le temps – lui est devenu étranger. De nombreuses prévisions météorologiques se trouvent ainsi faussées car nous ne savons pas les rapporter à notre région. Les prévisions de l'évolution du temps ne peuvent être déterminées qu'en partie par les services nationaux. Chacun doit ensuite les préciser en fonction des paramètres propres à sa région. C'est pourquoi il est indispensable d'apprendre à repérer des ciels typiques et courants, reconnaissables à la forme des nuages. Le temps, dont le mystère menait même à la superstition, peut alors être démystifié. Il devient un spectacle tout à fait compréhensible que nous pouvons suivre à l'aide d'un instrument d'observation très perfectionné, notre œil.

Les dix types de nuages

Ces « étages » ont été établis sur le plan international pour les dix types de formations nuageuses. Il est inutile de déterminer leurs limites de façon précise car les nuages, libres de circuler librement, se superposent souvent. Les altostratus et les cumulus peuvent par exemple monter, tandis que les nimbostratus peuvent aussi bien se trouver plus haut que plus bas. Le plus exceptionnel est le cumulo-nimbus (nuage d'orage) qui s'élève parfois jusqu'à l'étage supérieur, constituant alors une masse d'eau couverte d'une carapace de glace. Dans les pages qui suivent, les espèces et sous-espèces des dix formes de nuages sont présentées et annotées à l'endroit où elles correspondent à un indice précieux pour les prévisions météorologiques.

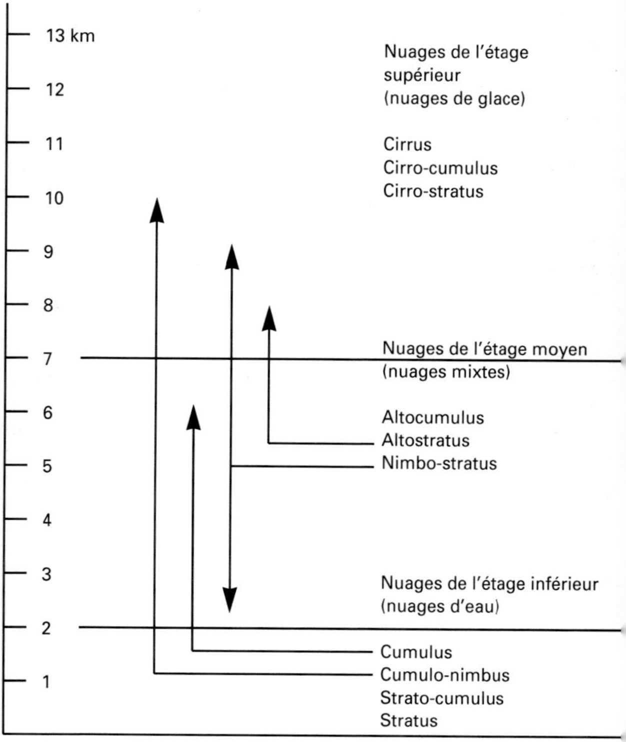

Un *nuage* est l'accumulation visible de minuscules particules d'eau et de glace à l'air libre. Ils peuvent se former et se développer à tous les étages de l'atmosphère. Les nuages ont été classés en dix groupes portant des noms latins et des abréviations correspondantes (voir pp. 10 à 19).

Ces types de nuages sont à leur tour divisés en groupes et sous-groupes. On les différencie par l'altitude à laquelle ils se forment, par leur forme et leur aspect.

On distingue en premier lieu trois étages de l'atmosphère dans lesquels se forment le plus souvent certaines catégories de nuages : l'étage supérieur (de 7 à 13 km d'altitude), l'étage moyen (de 2 à 7 km) et l'étage inférieur (la surface de la terre jusqu'à 2 km de hauteur). À l'altitude de formation des nuages correspond leur composition :

- Les nuages de l'étage supérieur sont de véritables *nuages de glace*. Leur température est inférieure à – 35 °C et leur contour imprécis.

- Les nuages de l'étage moyen sont *mixtes*, contenant de la glace et de l'eau, et leur température se situe entre – 10 et – 35 °C.

- Les nuages de l'étage inférieur ne contiennent que de *l'eau*. Leur température est comprise entre – 10 et plus de 0 °C. À partir de ces trois groupes et des trois formes de base des nuages (*nuages filamenteux* [*cirrus*], *cumuliformes* [*cumulus*] ou *en couches* [*stratus*]), on obtient les dix types de formations nuageuses illustrées dans les pages suivantes. Les cirrus ne se forment que dans l'étage supérieur, où l'on trouve aussi les *petits moutons* des *cirro-cumulus* et les *nuages en couches d'altitude*, les *cirro-stratus*. À l'étage moyen évoluent les *altocumulus*, les *altostratus* et les *nimbo-stratus*. À l'étage inférieur enfin se situent les *cumulus* et leurs parents, les *cumulo-nimbus* ou *nuages d'orage*, ainsi que les *stratus* et les *strato-cumulus*.

Cirrus (Ci)

Étage supérieur

Nuages de glace filamenteux, ces voiles fins, blancs, prennent des formes variées : longs fils ramifiés, houppes soyeuses...

Cirro-stratus (Cs)

Étage supérieur

Nuages de glace qui forment un voile laiteux, au contour net ou fondu. Ils couvrent le ciel complètement ou en partie et, du fait de leur très faible épaisseur, peuvent donner lieu à des phénomènes de halo autour de la lune ou du soleil.

Cirro-cumulus (Cc)

Étage supérieur

Nuages de glace dont les petits flocons séparés forment le ciel « moutonné ». Ils constituent des bandes ou des groupes plus ou moins réguliers. Chaque particule de nuage a généralement une expansion inférieure à un degré, soit environ la force du petit doigt lorsque le bras est tendu.

Altocumulus (Ac)

Étage moyen

Nuages mixtes blanc et gris, souvent en dégradé, composés essentiellement de gros moutons, formant des boules ou des cylindres, plus ou moins répartis en bandes. Leur expansion est comprise entre 1 et 5 degrés, donc supérieure à celle des cirro-cumulus (le degré 5 correspond à la force de trois doigts lorsque le bras est tendu).

Altostratus (As)

Étage moyen

Nuages mixtes formant une couche grise homogène paraissant légèrement striée par moment, qui couvre le ciel partiellement ou totalement. Ils sont très épais et voilent de ce fait presque complètement le soleil. Aucun halo ne se produit.

Nimbo-stratus (Ns)

Étage moyen

Nuages mixtes qui forment une couche unicolore grise, parfois très foncée. Ils couvrent complètement le ciel et cachent totalement le soleil.

Strato-cumulus (Sc)

Étage inférieur

Nuages d’eau, moutonneux, prenant toutes les nuances du blanc au gris, qui constituent des masses nuageuses toujours sombres par endroit, rondes ou cylindriques. Ils sont plus ou moins fondus et ont une expansion supérieure à 5 degrés (soit supérieure à la force de trois doigts, le bras étant tendu).

Stratus (St)

Étage inférieur

Nuages d’eau (de neige sur la photo) qui constituent une couche grise uniforme couvrant la totalité du ciel. Lorsque le soleil arrive à briller à travers ces nuages souvent plats, son contour se détache, plus clair. Aucun halo ne se produit.

Cumulus (Cu)

Étage inférieur

Nuages d'eau apparaissant parfois en corps séparés mais constituant le plus souvent des masses compactes aux contours nets et arrondis semblant gonfler davantage. Ils peuvent effectivement se dilater en altitude. Ils ressemblent alors à un énorme chou-fleur. Les sommets de nuages, éclairés par le soleil, sont d'un blanc très brillant, tandis que la base est ombragée et sombre.

Cumulo-nimbus (Cb)

Étage inférieur

Nuages d'eau lourds et compacts, à très forte dilatation verticale, qui deviennent des nuages d'orage lorsque leurs sommets sont givrés. La partie supérieure glacée de ces moutons géants est en général aplatie et ressemble à une houppe filamenteuse ou striée. Le cumulo-nimbus prend en gros la forme d'une enclume, la partie supérieue du nuage étant très élargie.

Nous avons présenté les dix types de nuages dans leur forme idéale afin de vous en donner une idée globale. Ce sont rarement ces formes idéales qui apparaissent dans la nature. Les nuages sont en effet indisciplinés : ils ne restent pas toujours à l'étage qui leur a été attribué et n'ont pas forcément les caractéristiques que l'observateur souhaiterait retrouver. En météorologie aussi (étymologiquement la « science qui étudie ce qui se meut dans l'air »), il existe des images confuses, comme le concept appelé « ciel chaotique ».

Pour avoir une idée de l'évolution du temps, il faut observer les nuages de façon ininterrompue au moins pendant de très courtes périodes. Cela est cependant rarement réalisable. C'est pourquoi il convient de se munir de quelques appareils très précieux, également utilisés dans les stations météorologiques. Les *thermomètres*, *hygromètres* et *baromètres* permettent de mesurer l'état de l'air et d'obtenir ainsi des informations grâce auxquelles il sera possible de ramener les prévisions générales à l'évolution du temps dans une région déterminée, à court terme tout au moins.

Enveloppée dans sa légère couverture d'air, la terre poursuit son chemin dans l'univers aux températures toujours basses. Du fait de son réchauffement le jour par le soleil et de son rafraîchissement la nuit, cette masse d'air est en perpétuelle évolution. En fonction de la diversité de la qualité de la surface de la terre (mers/terres, régions polaires/équateur), des échanges se produisent entre masses d'air froides et chaudes, sèches et humides, lourdes et légères. Recherchant l'équilibre, elles ne cessent de se bousculer, de s'apaiser puis de s'entrechoquer à nouveau. C'est ce qui produit le temps, avec ses éléments, comme le vent, les nuages et les précipitations. Pour pouvoir tirer parti de l'enseignement des nuages, il est bon d'apprendre auparavant quelle est leur origine, invisible, certes, mais mesurable. En effet, les nuages, *humidité atmosphérique* devenue visible, sont la conséquence physique des variations de *température de l'air* et de l'équilibre entre les zones de hautes et de basses *pressions*.

La température de l'air

L'unité la plus utilisée en Europe, le degré Celsius (°C), repose sur les propriétés physiques de l'eau, solide à 0 °C et gazeuse à 100 °C. L'instrument de rigueur est le thermomètre à mercure, gradué du moins vers le plus. Bien placé, il indique la température atmosphérique à toute heure du jour et à tout moment de l'année, en fonction du temps.

L'humidité de l'air

C'est avec un hygromètre que l'on mesure habituellement l'humidité de l'air. Il s'agit d'un instrument étonnamment simple, dont le principe technique est un cheveu humain qui s'allonge si l'air est humide et rétrécit s'il est sec. Un hygromètre indique le degré de saturation de l'air en vapeur d'eau, soit l'*humidité relative de l'air*, allant de 0 à 100 %. Au-dessus d'une casserole d'eau bouillante, l'hygromètre indique 100 %. L'air a alors atteint son degré de saturation maximal, appelé *point de rosée*. La vapeur d'eau, gazeuse jusqu'alors, devient visible. Elle *se condense*. À la surface de la terre, elle se transforme en rosée ou en gelée blanche, de la brume apparaît et, plus haut, des nuages se forment.

La pression atmosphérique

Une troisième grandeur joue un rôle important en météorologie, la pression atmosphérique ou « poids mesurable » de l'air. La mesure correspond au poids exercé par une colonne d'air sur 1 cm^2 de surface terrestre. On dispose, pour ce faire, de deux types d'instruments : le baromètre à mercure, sorte de balance destinée à peser l'air, et le baromètre anéroïde ou à coquille, élément élastique vide d'air qui se comprime sous une forte pression et se détend à nouveau sous une basse pression. Autrefois, on mesurait la hauteur de la colonne de mercure soumise à la pression atmosphérique en millimètres (mm Hg), mais aujourd'hui on n'utilise plus que le *millibar (mbar)*, unité internationale, 1 013 mbar correspondant à 760 mm Hg.

En résumé, les caractéristiques d'une zone de hautes pressions sont les suivantes :

- Lors de la formation d'une zone de hautes pressions, la pression atmosphérique augmente lentement mais constamment, quelle que soit la saison, et reste élevée (jusqu'à 1 040 mbar au moins) pendant plusieurs jours ou semaines. De faibles baisses de la pression en été sont fonction du moment de la journée et ne signifient en aucune manière que le temps va bientôt changer. Une forte diminution de la pression à proximité d'orages de chaleur peut être suivie, le jour même, par une remontée compensatrice une fois l'orage terminé.

- Dans une zone de hautes pressions, la température varie considérablement car, sous un ciel sans nuage, l'énergie solaire est absorbée de façon illimitée par la terre, qui la reperd tout aussi facilement la nuit. Ces grandes différences de température entre la nuit et le jour caractérisent sous nos *climats* des journées très chaudes lorsque le soleil est haut (*canicule*) et de froides journées d'hiver aux nuits glaciales (« froid de canard »).

- L'humidité atmosphérique est généralement faible et se situe souvent aux environs ou au-dessous de 50 %. À l'exception des zones sous l'influence de l'air humide subtropical, une humidité atmosphérique élevée au cours de chaudes journées (*temps lourd*) est toujours de courte durée et s'explique par les variations de température en fonction de l'heure et par l'évaporation. Cet air humide n'a pas grande influence sur l'évolution du temps mais peut toutefois annoncer un orage de chaleur. Une humidité élevée peut en revanche persister davantage en hiver dans des régions brumeuses. Elle se limite alors cependant aux couches d'air situées à proximité du sol (inversion, voir p. 27). Le brouillard, qu'il soit élevé ou non, est un bon signe de persistance d'une zone de hautes pressions.

« Ciel rouge le soir, espoir... » HP

Si, surtout en automne et en hiver, le baromètre indique une pression moyenne en légère mais constante augmentation depuis quelques jours ;

si les nuages bas et compacts disparaissent et s'il ne reste que quelques nuages à l'étage moyen, avec un vent fléchissant, qui s'éclaircissent et prennent l'aspect de moutons ;

enfin, si le bulletin météorologique annonce l'apparition d'une zone de hautes pressions entre les Pyrénées et les Alpes, ou sur l'Europe occidentale ;

alors vous vous réveillerez, au lendemain d'un ciel bien rouge au coucher, au matin d'une belle journée sans un nuage, car la situation météorologique sera stable pour un certain temps.

« La pluie du matin réjouit le pèlerin. » HP

La *haute pression (HP)* est la forme la plus simple que revêt une immense masse d'air exerçant une forte pression sur les couches d'air proches de la surface de la terre.

Les zones de hautes pressions sont très lentes, elles se forment petit à petit et restent longtemps au même endroit, surtout en hiver, au-dessus des terres froides *(anticyclone stationnaire)*. Elles ont pour effet de calmer le temps, les vents sont alors faibles. Par temps froid, aucun nouveau nuage ne se forme, au grand dam des collectionneurs. En effet, le *mouvement descendant* de l'air, caractéristique des zones de hautes pressions (l'air sec se réchauffe alors de 1 °C tous les 100 m), provoque la disparition des nuages existants et empêche la formation de nouveaux, à l'exception de brumes près du sol.

Brouillard élevé *(Stratus nebulosus)* HP

Le *brouillard élevé* dans une zone de hautes pressions est un temps qui s'explique par le fait que l'air froid est plus lourd que l'air chaud. L'apparition de couches d'air froid est favorisée par les longues nuits claires et froides de l'hiver et de l'automne. L'air humide proche du sol se condense alors, ce qui provoque l'apparition de brumes, de brouillard ou de brouillard élevé, qui disparaissent en général vers midi lorsque le soleil est trop chaud pour eux. Il arrive cependant qu'ils durent une journée entière, parfois plusieurs jours ou toute une semaine (« temps de novembre »). Au-dessus de cette couche d'air froid se développent les couches de masses d'air qui descendent dans les zones de hautes pressions et se réchauffent donc, couvrant entièrement le ciel. Comme en principe l'air se rafraîchit en montant, la situation que nous venons de décrire paraît « inversée ».

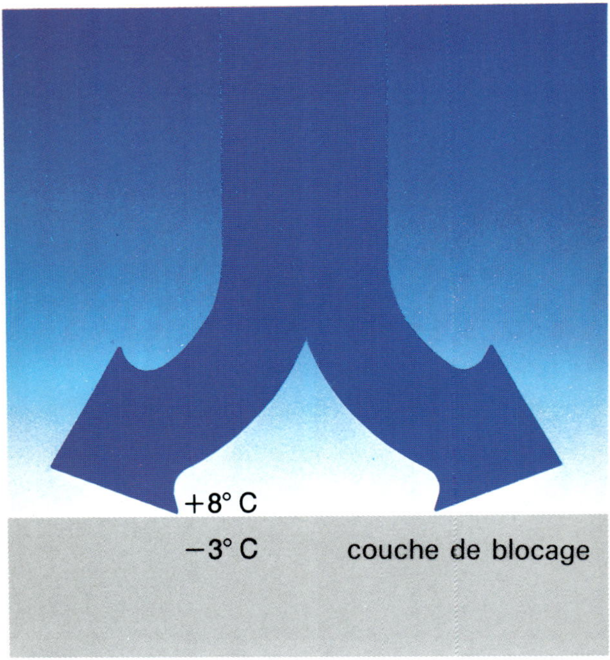

Phénomène d'inversion

HP

Inversion au sol. La limite rectiligne entre la couche d'air bas humide et froid et celle d'air chaud et sec qui la recouvre est très justement appelée *couche de blocage*, car elle interrompt tout échange atmosphérique vertical. Dans le secteur de l'inversion, la différence de température peut atteindre 10 °C ou plus.

Contrairement au concept de « beau temps », qui est très vague, celui du brouillard élevé est très clair. Pendant que la plupart des gens vivent dans la tristesse du brouillard, les rares personnes qui se trouvent au-dessus de la couche d'inversion jouissent d'un temps chaud et ensoleillé dans un air très pur, avec une excellente visibilité, et cela en plein hiver.

Smog **HP**

Redouté des grandes villes, le smog n'est en fait rien d'autre que l'expression visible de la pollution atmosphérique que nous causons nous-mêmes. Contraction de deux mots anglais *smoke* (fumée) et *fog* (brouillard), le *smog* est la conséquence directe d'un phénomène d'inversion persistant. Toutefois, nous nous leurrons lorsque nous incriminons le mauvais temps lors de l'apparition du smog. Lorsque le temps est variable, les déchets produits par notre société industrielle sont emportés par le vent, éclaircis, et ne retombent pas de façon aussi désagréable. En revanche, en cas d'inversion, les habitants des régions industrielles reçoivent toute la pollution. Dans la nature, brumes et brouillards élevés sont des phénomènes propres, qui ne gênent que les amateurs de soleil.

Au cours d'une *période estivale de hautes pressions*, les situations d'inversion sont nettement moins marquées et se situent à une altitude supérieure. On ne les remarque que par l'apparition de *couches de brume* plus ou moins épaisses. La couche de blocage constitue alors souvent la limite supérieure d'un autre phénomène nuageux lié aux hautes pressions, les « nuages d'été ». Après une claire nuit d'été, en effet, l'humidité atmosphérique se transforme en *rosée matinale* ; il fait encore frais, mais la température monte vite dès les premières heures d'ensoleillement. Au fur et à mesure que le soleil s'élève, la terre se réchauffe, chauffant ainsi l'air proche du sol. La rosée sèche. L'air se met alors à « *vibrer* ». On a l'impression d'assister à l'apparition d'un *cumulus*, ce qui s'explique par trois lois physiques :

- l'air chaud est plus léger que le froid, ce qui fait remonter l'air réchauffé qui emporte avec lui sa propre humidité et de la vapeur d'eau supplémentaire, née de la formation de nouvelles brumes ;

- l'air qui monte se refroidit ;

- l'air refroidi peut absorber moins de vapeur d'eau que l'air chaud. L'humidité relative atteint alors 100 % en un point quelconque, et la température correspond au point de rosée. À ce moment-là, apparaissent des *noyaux de condensation* sur lesquels tombe la vapeur d'eau en fines gouttelettes. On voit alors un cumulus.

Ces noyaux de condensation sont de petites particules de poussière (la plupart font moins d'1/100 mm), qui sont emportées en suspension jusque dans les couches les plus hautes de l'atmosphère. Ils sont composés en partie de produits de la pollution et en partie de poussières naturelles résultant de tempêtes de sable et d'éruptions volcaniques même éloignées, ainsi que de pollen et de cristaux de sel marin. Ces particules de poussières s'agglomèrent en noyaux de condensation et retombent sur terre avec les pluies, nettoyant l'air.

Petit cumulus bas (*Cumulus humilis*) **HP**

Dès les premières heures d'une journée d'été, une tache blanchâtre, brumeuse, se forme au-dessus du versant ensoleillé d'une montagne. On la remarque à peine, et elle disparaît la plupart du temps pour resurgir au même endroit sous l'apparence d'un « nuage d'été » qui surprend l'observateur de ce ciel auparavant uniformément bleu. Ce phénomène contredit l'idée communément répandue que les nuages viennent nécessairement de quelque part. D'autres nuages identiques viennent bientôt rejoindre le premier, puis disparaissent lorsque la température baisse et l'humidité diminue. Si des conditions favorables persistent, ce type de nuage ne cesse de se reproduire et de s'élever pour atteindre dans l'après-midi une taille imposante ; il ne semble plus être un signe de beau temps.

Cumulus en tour *(Cumulus congestus)* **HP**

La température de déclenchement mentionnée dans les bulletins météorologiques est celle que l'air proche du sol doit atteindre pour pouvoir monter jusqu'au niveau de condensation où il apparaîtra sous forme de nuages. Le niveau de condensation est donc la limite inférieure des cumulus qui se développent alors. Lorsque les petits nuages initiaux ne sont pas éloignés de leur lieu de formation par des vents d'altitude latéraux et qu'ils ne se dissipent pas, et conservent en outre leur vapeur d'eau car la température de déclenchement n'a pas été atteinte, ces cumulus se développent. Au début, leur contour reste flou, mais leur limite inférieure horizontale se précise. Alimentés en humidité par le thermique, ils prennent ensuite l'aspect de choux-fleurs.

Cumulus en tour *(Cumulus congestus)* avec couche de blocage **HP**

De gros cumulus s'élèvent à plus de 3 000 m d'altitude et sont alors composés dans leur partie supérieure de gouttelettes d'eau fortement refroidies. Ces *nuages « gonflés »* sont fixes ; la stabilité de leur limite inférieure paraît un gage de paix alors qu'ils sont le siège d'une vie intérieure tumultueuse. Ils peuvent alors évoluer de deux façons différentes. Si les nuages devenus puissants atteignent dans l'après-midi, après s'être à nouveau gonflés, la couche de blocage d'une inversion d'été élevée, cela peut interrompre leur évolution. En outre, si, du fait de la position plus basse du soleil l'après-midi et de l'ombre des nuages, la terre ne se réchauffe pas assez, les cumulus disparaissent, laissant place à une nuit très claire.

Nuage d'orage en formation **HP**
(Cumulo-nimbus calvus)

En revanche, si un cumulus géant atteint vers midi la couche de blocage, c'est-à-dire à temps pour gagner davantage d'humidité à partir du thermique, l'évolution est alors tout autre. Le nuage traverse la couche de blocage et augmente de volume pour former rapidement un *nuage d'orage.* Entre 4 000 et 9 000 m d'altitude, l'ex-cumulus n'est plus constitué d'eau que dans sa partie inférieure, alors que le haut du nuage à moins de – 10 °C est composé d'aiguilles de glace qui lui donnent un nouvel aspect. Le givrage supprime les contours nets, le sommet du nuage devient lisse et plat ou filamenteux et prend la forme d'une enclume.
Le petit nuage inoffensif du début de journée s'est transformé en une masse énorme et menaçante, qui trahit son énergie intérieure.

Nuage d’orage à maturité (Cumulo-nimbus capillatus)

HP

Les nuages d’orage peuvent traverser deux phases, lisses *(calvus)* ou effilochés *(capillatus)*. C’est en ces termes que les météorologues qualifient le stade initial et la forme finale de ces nuages. À la fin de leur croissance, leur limite supérieure n’est plus lisse comme un œuf mais est un écran gelé en forme de champignon couvert de cheveux blancs. La photo de gauche illustre l’évolution de ces nuages vue d’avion alors que celle de droite représente un *cumulo-nimbus* (Cb) typique qui provoquera un orage de chaleur. Contrairement aux *orages de front* (voir p. 54), les *orages de chaleur* ne peuvent éclater que de jour, bien qu’ils puissent se poursuivre dans la nuit avec force coups de tonnerre et éclairs.

Orages d'été

HP

Bien que les phénomènes qui se produisent à l'intérieur d'un nuage d'orage, fort simples a priori mais complexes lorsqu'on entre dans le détail, aient été étudiés depuis longtemps, on n'est pas encore parvenu à récupérer et à transformer l'énorme quantité d'énergie véhiculée par cette « centrale électrique » naturelle. Au cœur d'un nuage d'orage soufflent les vents ascendants les plus violents qui soient. Ces vents entraînent vers le bas des gouttelettes d'eau arrachées aux nuages de glace et les font tourbillonner dans tous les sens. Parallèlement se forment dans le nuage des charges électriques de signes opposés, ce qui crée un champ électrique qui fournit en se déchargeant une quantité d'énergie sans commune mesure avec celle que nous produisons dans nos centrales. Puis, vidé de son eau et épuisé, le monstrueux cortège de nuages disparaît dans la nuit.

Dans une zone calme de hautes pressions, l'atmosphère est divisée en couches uniformes, ce qui permet à cette situation de persister plus longtemps. La visibilité au sol est moyenne et le ciel n'est pas très bleu mais plutôt laiteux, voire grisâtre en hiver. C'est surtout vers le soir que brumes et brouillards s'épaississent, car le mouvement thermique ascendant de l'air sombre ralentit tandis que l'air refroidi descend. Dans les zones de hautes pressions, l'air clair se trouve seulement au-dessus de 1 000 m d'altitude, ceci variant en fonction des saisons et de la couche d'inversion. Près du sol, l'air n'est pur qu'aux premières heures des matins d'été, car il s'est nettoyé par condensation au cours de la nuit fraîche. Suivant la situation de la zone de hautes pressions, un vent faible souffle sur l'Europe occidentale du nord ou bien du sud vers l'ouest. On appelle cette situation météorologique un *anticyclone terrestre*. Elle se produit à toute saison, mais plus particulièrement à la fin de l'été et en automne *(été de la Saint-Martin)* et est d'autant plus persistante qu'elle est liée par un *pont de hautes pressions* à *l'anticyclone des Açores* et à ses masses d'air chaud subtropical.

Au cours d'une zone de hautes pressions estivale, il ne se forme que des courants atmosphériques locaux du fait des thermiques. Ils prennent la forme de *vents mer-terre* et *vallée-montagne*, et soufflent la nuit en sens inverse. Leur brise légère est un signe de persistance du temps estival lié aux hautes pressions. En hiver, en revanche, une zone de hautes pressions est souvent non ventée, de façon que la fumée s'élève verticalement dans le ciel, ne faisant demi-tour qu'au contact d'une couche d'inversion. Ces zones de hautes pressions, globalement arrondies, sont des situations météorologiques assez figées, soit *stationnaires*, soit se déplaçant très lentement.

On peut comparer un anticyclone à un être mûr et plein de sagesse. Il est calme et constant, son aspect extérieur est clair et sans surprise et sa vie intérieure est sans contradiction. Il progresse lentement. En résumé, il est le temps préféré de tout météorologue prévisionniste, car il lui permet d'améliorer ses pourcentages de réussite en matière de prédiction du temps.

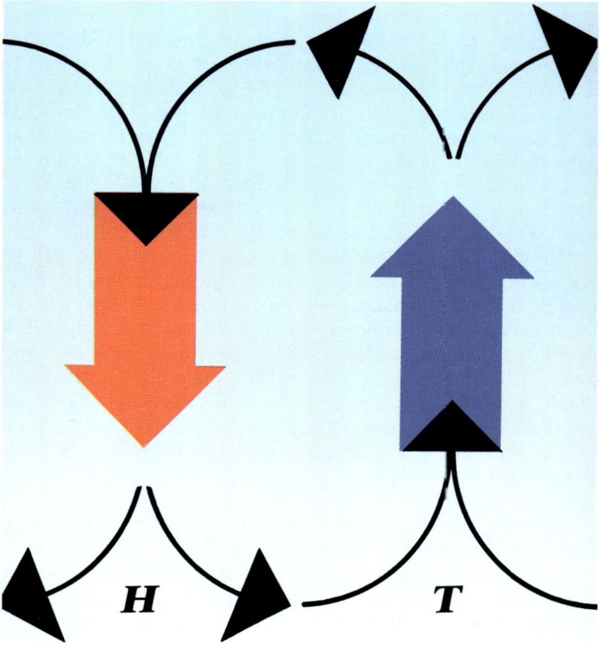

Échange atmosphérique vertical entre hautes et basses pressions

HP/BP

Le temps est assimilable à une grande entreprise d'import-export négociant de l'air. En fonction des lois de la nature fondées sur un équilibre permanent, les zones de hautes et de basses pressions n'existent pas de façon indépendante, mais font partie d'un système mixte au sein duquel elles se complètent. En d'autres termes, il n'y a pas d'anticyclone sans dépression. Le couple *anticyclone des Açores / dépression d'Islande* est un bon exemple des zones de pressions atmosphériques différentes dont l'existence est toujours liée. Il montre bien qu'une dépression se « ravitaille » en air grâce à l'excédent d'un anticyclone. Cela ne se produit toutefois qu'à proximité du sol car l'air aspiré par la dépression monte et est ensuite récupéré par un anticyclone à une altitude supérieure, puis redescend lentement et se dirige alors à nouveau vers une dépression.

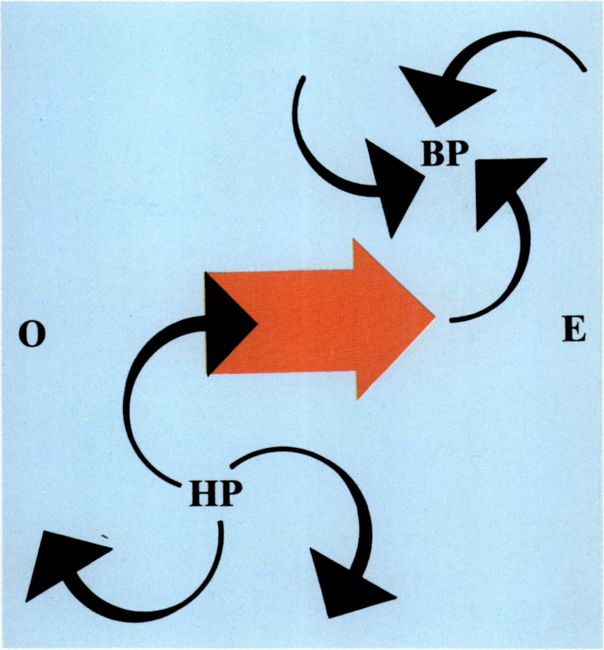

Échange atmosphérique horizontal entre hautes et basses pressions

BP/HP

L'échange des masses d'air entre hautes et basses pressions s'effectue sur de grandes distances. Si la Terre ne tournait pas autour de son axe, il s'agirait d'un phénomène horizontal. La rotation de la Terre, d'ouest en est, a pour effet de dévier l'équilibre entre hautes et basses pressions vers la droite. Ce phénomène est appelé *force de Coriolis*. Du fait de cette déviation, l'anticyclone cède de l'air en allant vers la droite alors que la dépression l'absorbe en sens inverse. Il en découle un tourbillon d'air tournant en spirale vers la gauche ou *cyclone* (voir photo sur la page de garde) qui caractérise les zones de basses pressions pour les météorologues par opposition à l'*anticyclone* ou zone de hautes pressions. Il résulte de cet échange atmosphérique une situation météorologique occidentale certes traversée par des anticyclones, mais cependant constante.

Avancée d'un front froid

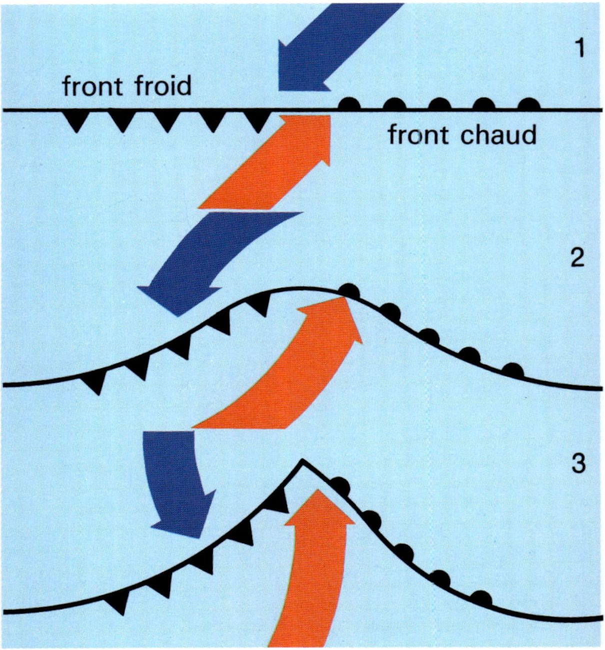

Apparition d'une dépression sur le front polaire **BP**

Déviées par la rotation terrestre, les masses d'air du front polaire (quelque part aux latitudes de Terre-Neuve et de l'Islande) ne se heurtent pas de front mais plutôt glissent les unes sur les autres. Il en résulte des *ondulations frontales* qui peuvent évoluer en une dépression à deux fronts dans laquelle s'introduit l'air chaud, puis l'air froid.

Sur les cartes météorologiques, les *fronts* sont représentés par des lignes couvertes de demi-sphères s'ils sont *chauds* et de triangles s'ils sont *froids*, ces signes étant orientés dans la direction du front. La phase 1 représente la coexistence encore pacifique de l'air chaud et froid sur le *front polaire stationnaire*. Lors de la phase 2, les ondulations frontales apparaissent entre les deux sortes d'air. En phase 3, un coude s'est formé : il s'agit du *centre* de la dépression naissante.

Le courant d'air s'infiltrant dans la dépression est visible en phase 3. Il est dû au tourbillonnement de l'air froid se dirigeant du nord-ouest vers le nord et de l'air chaud venu du sud-ouest et se dirigeant vers le sud. Dans le *centre* de la dépression, où les deux courants d'air forment une spirale, l'air accéléré a encore une possibilité de s'échapper en s'élevant en altitude verticalement. Toutes les modifications physiques décrites pages 31 et 34 se produisent alors. Les masses d'air s'allègent en s'élevant, leur pression diminue et une dépression apparaît. Contrairement à l'air qui, en descendant dans un anticyclone, entraîne la disparition des nuages, l'air ascendant avec une humidité accrue est toujours lié à une formation de nuages. De ce fait, le tourbillon d'une dépression apparaît sur les cartes météorologiques établies par satellites sous la forme d'une grosse spirale nuageuse convergente, tandis que le courant d'air divergent des anticyclones reste dépourvu de nuages.

Un nouveau phénomène atmosphérique a été découvert sur le front polaire, lieu de formation de la dépression, vers 1950. Il est dû à la rencontre de l'air chaud et de l'air froid et s'appelle *courant-jet (jet steam)*. Il se produit du fait de grandes vitesses de flux à haute altitude. La rotation de la Terre dévie ce courant vers la droite qui parcourt l'hémisphère nord à la latitude du front polaire telle une couronne ondulatoire de vents d'ouest très rapides. Il atteint en hiver des pointes de 400 km/h.

Ce vent exceptionnel qui souffle à une altitude de plus de 5 000 m circule dans un couloir de moins de 100 km de diamètre. Sa vitesse diminue rapidement à sa périphérie, mais elle influence beaucoup l'évolution du temps car celui-ci renforce, accélère et oriente les dépressions. On le trouve au nord ou au sud, plus ou moins sinueux suivant la saison. Il joue aussi un grand rôle dans la formation des nuages de notre zone climatique.

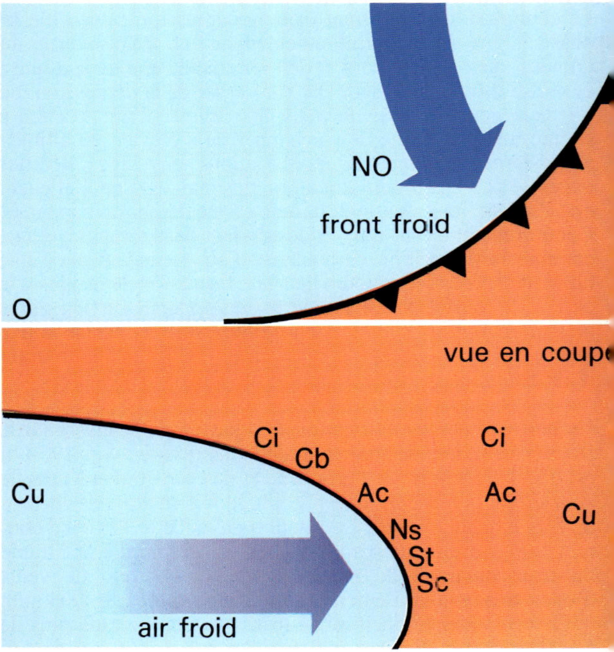

Direction du vent et formation de nuages dans une zone de basses pressions

BP

Une dépression récemment formée, dont nous avions en partie calculé et estimé le chemin, nous aborde tout d'abord par sa *tête*, agréable au début, le *front chaud*. Le temps apporté par cette dépression tire son nom de la direction du vent dominant, soufflant vers le *sud-ouest*. L'air humide et chaud glisse ensuite sur un anticyclone calme et froid. Sur cette surface de contact, l'observateur local aperçoit un passage de nuages d'ouest en est et du haut vers le bas, dans lequel presque toutes les formes nuageuses sont représentées. En tête du jeune cyclone, ce sont les *stratus* qui se développent le mieux. Ce sont eux qui pourront provoquer plus tard pluie et neige à l'étage inférieur.

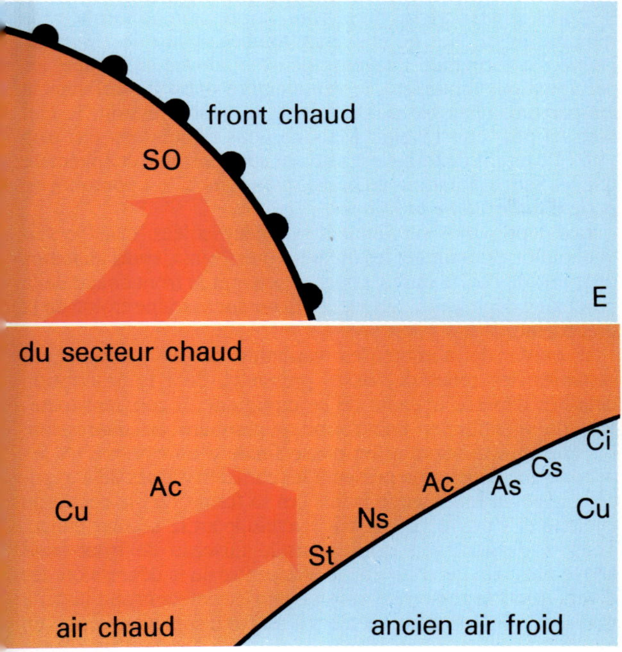

Après le passage de cette *zone de précipitations*, apparaît la deuxième partie de la dépression, le *secteur chaud*, à l'intérieur duquel la pression commence par diminuer considérablement, puis se stabilise. Ce secteur, traversé par un courant de sud-ouest, provoque généralement un temps épouvantable. Une chute de pression intervient brutalement, le vent tourne, se refroidit et souffle en rafale venant du nord-ouest. Nous en sommes maintenant à la troisième partie du cyclone, le *front froid*, qui entraîne avec lui ses masses d'air froid. Celles-ci passent sous l'air humide et chaud qui les précède et provoquent des turbulences. Une zone de hauts *cumulus* se forme alors, pouvant causer des *orages de front* (voir p. 54).

Après le *passage du front froid*, la pression atmosphérique remonte aussi vite qu'elle était tombée. C'est le *temps de traîne*. La formation nuageuse dense et élevée se dissipe, les précipitations diminuent, le vent de nord-ouest faiblit, mais la température reste basse. Du fait de la haue pression, le ciel bleu va peut-être revenir. Mais ne nous réjouissons pas trop vite ! Le temps de traîne est souvent aussi instable et éphémère que les autres situations en basses pressions. C'est pourquoi on parle d'*anticyclone provisoire*.

Les dépressions surviennent rarement isolées, mais se suivent plutôt, empruntant les mêmes voies. Ainsi, après un temps de traîne de courte durée, apparaît souvent le front chaud de la prochaine dépression, qui vient glisser sur la traîne froide de la précédente.

Il existe de nombreuses variantes de ces phénomènes instables des zones de basses pressions, dont la description détaillée dépasse le cadre de ce miniguide. Il convient toutefois de mentionner une forme particulière de dépression, l'*occlusion* qui survient en phase finale d'un cyclone. À ses débuts, une dépression présente les caractéristiques déjà exposées, avec un faisceau de fronts qui se ferme vers le centre du cyclone et s'ouvre vers le bas, enveloppant le secteur chaud. Tous se dirigent vers nous, mais le faisceau de front froid arrive plus vite que l'air chaud. Au centre de la dépression, les divers fronts se resserrent, rétrécissant le secteur chaud jusqu'à sa disparition. Les deux secteurs d'air froid sont alors réunis en un seul. L'air chaud s'échappe et prend la forme d'un champ nuageux disparaissant lentement dans le ciel. Cette situation est représentée sur les cartes météorologiques par un seul trait sur lequel sont portés les symboles des fronts préalables. Si aucune nouvelle situation de basses pressions (*stationnaire* ou *centrale*) ne fait suite à l'*occlusion* de la dépression et si toutes les conditions décrites en page 17 sont vérifiées, il est vraisemblable qu'un anticyclone viendra prendre la relève. La photo ci-contre illustre d'ailleurs une de ces magnifiques journées.

Situation anticyclonale avant une perturbation

HP

Juste avant la perturbation d'une situation anticyclonale, le ciel semble prendre un ton de bleu plus profond encore. Cette situation, appelée 00 (zéro-zéro) dans les bulletins de la météorologie nationale, est caractérisée par l'absence de formation nuageuse.

La photographie de la page 26 illustre déjà ce type de ciel. Toutefois, une inversion avait alors couvert le pays d'une nappe de brouillard élevé, alors que, sur la photo ci-dessus, l'air sec descendant à l'intérieur d'un anticyclone, a envahi tout l'espace, jusqu'au sol. Les montagnes et leurs forêts paraissent très sombres et la faible humidité atmosphérique entraîne une excellente visibilité (jusqu'à plus de 200 km). Un temps de rêve donc, mais seul celui qui n'a regardé ni son baromètre, ni la direction du vent, ni les prévisions météorologiques peut espérer le voir durer.

Traînées de condensation par temps stable **HP**

Qu'est-ce qui relie les *traînées de condensation* à la dépression qui s'en approche ? A priori, rien, car ces traînées ne sont que le résultat de la pollution atmosphérique par le trafic aérien. En effet, les réacteurs des avions volant à très haute altitude laissent échapper de la suie et de la vapeur d'eau en grande quantité dans l'air froid et pur. L'air froid ne pouvant absorber qu'une faible quantité de vapeur d'eau, celle-ci condense autour des fines particules de suie en gouttelettes d'eau ou en aiguilles de glace que l'on voit se former en traînées blanches à l'arrière des avions. Ces nuages créés par l'homme ne posent pas des problèmes qu'aux seuls utilisateurs de l'énergie solaire. Ils causent aussi des cauchemars aux amoureux de la nature, car ils traversent le ciel de part en part et gâchent le paysage.

Traînées de condensation par temps instable

HP/BP

Quel que soit le mauvais présage de cette formation nuageuse, les traînées de condensation peuvent être utiles dans la mesure où l'observation de leur comportement donne des informations sur la nature des couches supérieures de l'air et sur l'évolution du temps. Sur la photo de gauche, les traînées de condensation restent dans le ciel sous leur forme rectiligne jusqu'à leur disparition très progressive. C'est le signe d'une situation de hautes pressions durable. Sur la photo ci-dessus, en revanche, ces traînées ne se dissipent pas mais s'étendent sous forme de nappes d'ouest en est. Cela annonce l'arrivée de perturbations dans l'étage normalement réservé aux cirrus ainsi qu'une augmentation de l'humidité atmosphérique, signes avant-coureurs de la formation d'une zone perturbatrice de basses pressions.

Cirrus fibratus

HP/BP

Avant l'apparition de ces nuages, l'observateur aura déjà remarqué que la pression atmosphérique, assez haute jusqu'alors, a diminué, lentement, certes, mais constamment, et que le léger vent d'ouest soufflant au ras du sol a tourné et vient désormais du sud, voire de l'ouest. Le vent d'altitude s'est déjà transformé en tempête et vient de l'ouest. La présence des cirrus en est la preuve. Ces nuages situés entre 6 000 et 10 000 m d'altitude, à des températures proches de – 40 °C, sont composés exclusivement de glace et sont les frères naturels des traînées de condensation. Avec une avance de plusieurs centaines de kilomètres, ils annoncent l'arrivée du front chaud d'une zone de basses pressions et donc un changement de temps dans la journée ou dans les jours qui viennent.

Cirrus uncinus **HP/BP**

Les cirrus semblent bien inoffensifs avec leur aspect fibreux ou strié et paraissent évoluer calmement depuis l'ouest. Mais seule la haute altitude donne l'illusion d'un échappement lent. Au voisinage du front polaire, ces filaments prennent l'apparence des courants-jets turbulents. Circulant à plus de 100 km/h, les cirrus sont « démêlés », emportés puis embrouillés à nouveau par les forts vents d'ouest. Il n'est pas rare alors qu'ils présentent des crochets ou se terminent par des sortes de « virgules » (*uncinus* en latin). Ce sont des indices fiables, annonçant les zones de turbulence et la direction des courants avant que ne s'établisse la nouvelle situation météorologique.

Petits moutons *(cirro-cumulus)* HP/BP

On observe quelquefois à la suite des cirrus ou à leur voisinage des cirro-cumulus, qui sont, somme toute, des nuages assez rares. Ils surviennent parfois avant les orages, ou plus souvent au cours du passage de nuages en altitude sur le front chaud d'une dépression. Comme les cirrus, il s'agit de nuages de l'étage supérieur, non compacts, composés exclusivement de cristaux de glace. Ils sont très transparents et ne possèdent donc pas d'ombre propre. Ils sont en général blancs, ou prennent la couleur de la lumière filtrée en fonction de la position du soleil. Leur aspect soyeux, perlé, est dû à la réflexion de la lumière sur les cristaux de glace.

En ce qui concerne l'évolution du temps, les cirro-cumulus n'indiquent en principe qu'une hésitation de zone de basses pressions en formation.

Gros moutons *(altocumulus)* **HP/BP**

Les cumulus d'altitude apparaissent parfois en marge des nuages habituellement situés sur la surface de contact d'un front froid, c'est-à-dire à l'étage immédiatement supérieur à celui où ils se trouvent en principe. Ces nuages de l'étage moyen paraissent plus gros à l'observateur dont ils sont plus proches. Ils contiennent presque uniquement des gouttes d'eau à basse température, et sont donc plus denses et moins transparents que les cirro-cumulus. Ils ne sont blancs qu'au voisinage du soleil ; ailleurs, ils sont dans l'ombre et leur centre est gris. Ils sont très courants et présentent toute une variété de formes et de types, dont on reparlera dans le chapitre consacré au fœhn.

Il convient d'observer très attentivement les altocumulus, car ils apparaissent aussi bien au début d'un anticyclone (photo ci-dessus) qu'avant une dépression.

Hauts nuages en couches *(cirro-stratus)* avec halo BP

Étant donné la lenteur à laquelle se déplacent les nuages dans la phase front chaud d'une dépression, les stratus peuvent alors se développer pleinement. Après leur rencontre avec les cirrus, ils se répandent souvent sur la totalité du ciel, entraînant parfois la formation d'un phénomène météorologique rarement bien constitué, le *halo*. Il s'agit en fait d'un anneau de lumière entourant la lune ou le soleil, qui est dû à la réfraction et à la diffraction de la lumière sur les cristaux de glace composant les cirro-stratus. Souvent pâle et peu coloré, ce cercle apparaît autour du soleil avec une ouverture de 22 °. Le halo était autrefois un signe redouté, annonciateur de la peste, du feu ou de la guerre. En fait, il ne s'agit que d'une preuve de l'existence d'une couche nuageuse obturant le ciel de haut en bas, venant de l'ouest, qui dégénérera probablement en précipitations.

Nuages en couches de l'étage moyen *(altostratus)* **BP**

Dans l'idéal, le cortège de nuages de l'étage moyen se situe entre 3 000 m et 6 000 m d'altitude. Les nuages en couches sont alors de plus en plus compacts et le soleil a de plus en plus de mal à percer cette masse grise. Cette formation nuageuse étant désormais constituée le plus souvent de gouttes d'eau, il est rare qu'un halo apparaisse. Ces nuages en couches de l'étage moyen se rapprochent généralement rapidement des nappes d'air inférieures et prennent alors l'aspect de nuages de pluie, donnant lieu peu après à des *petites pluies fines et persistantes* ou bien à des *chutes de neige*. Dans certaines vallées des Alpes toutefois (Bourg-Saint-Maurice, par exemple), ce type de formation nuageuse n'a pas les mêmes conséquences du fait du *fœhn*, vent local sec et chaud.

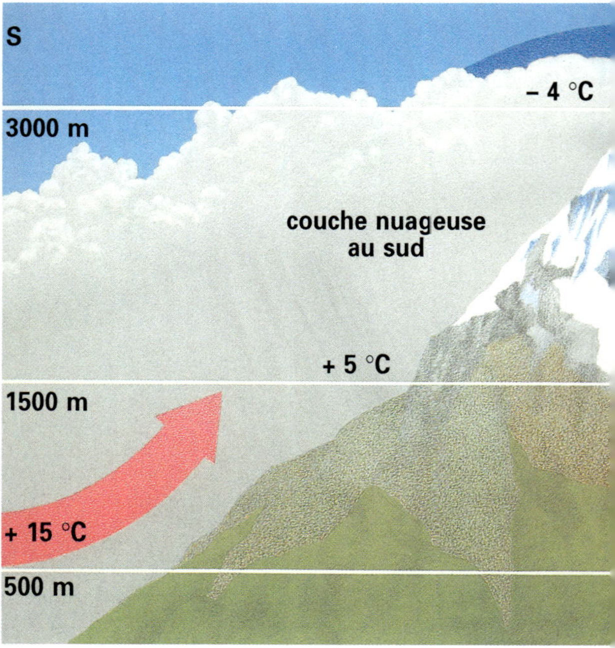

Schéma d'une situation de fœhn **BP**

Le fœhn venant du sud se développe essentiellement au cours de saisons transitoires, lorsque les différences de température entre les masses d'air froid du nord et chaud du sud sont maximales. Il apparaît plus facilement entre un anticyclone de sud-est soufflant sur les Balkans et le secteur de front chaud d'une dépression de nord-ouest approchant de la France. L'équilibre des pressions entraîne la formation d'un courant d'air venant du sud dont les masses d'air humide et chaud doivent contourner l'obstacle que constitue la barrière des Alpes dans leur course du sud vers le nord. Cette masse d'air, dont la température initiale est estimée à + 15 °C dans les Préalpes italiennes et dont l'altitude de départ approche les 500 m, provoque tout d'abord la formation d'une *zone de précipitations* sud-alpine. L'air doit franchir la montagne. Il prend donc de l'altitude et se rafraîchit de 1 °C tous

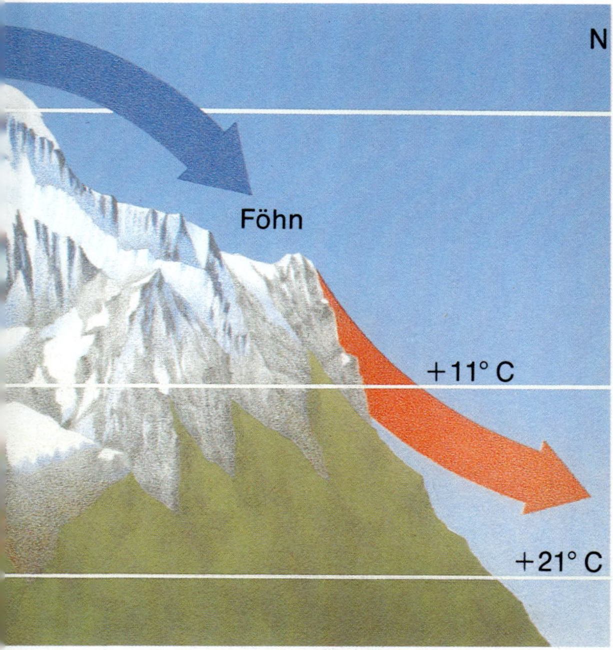

les 100 m environ. Il peut alors absorber de moins en moins de vapeur d'eau et s'approche rapidement de son degré de saturation. Avec un niveau de condensation de 1 500 m environ, une température de + 5 °C et une humidité relative de 100 %, d'énormes cumulus apparaissent et entraînent des pluies sur les Alpes italiennes. La condensation de la vapeur d'eau libère de l'*énergie* qui se transmet à l'air sous forme de chaleur. Voilà le « secret » de la chaleur du fœhn. L'air donnant naissance à des nuages s'élève jusqu'à 3 000 m environ, ne perdant plus que 0,6 °C tous les 100 m. Il franchit la *crête des Alpes* à – 4 °C. Séché après les pluies italiennes, l'air descend dans le versant nord des Alpes en se réchauffant de 1 °C tous les 100 m. Il atteint les Préalpes du Nord sous la forme d'un vent descendant à une température de 21 °C. Il a donc gagné 6 °C par rapport à sa température initiale de 15 °C.

Fœhn violent avec des nuages pisciformes (*Altocumulus lenticularis*) **BP**

Ces *nuages pisciformes*, caractéristiques d'un ciel de fœhn, sont d'un blanc argenté ou ont un ventre gris et apparaissent au-dessus ou devant les montagnes. Ils doivent leur nom à leur forme lenticulaire (latin *lenticularis*). Ils forment de beaux paysages de nuages et sont relativement fixes. Ils varient également peu de volume. Cette situation météorologique est très appréciée des amateurs de vol à voile car ces nuages sont signe de conditions favorables à la pratique de leur sport en automne et au printemps, saisons où les thermiques sont en général rares à proximité des Alpes. C'est un berger du nom de Gottlieb Motz qui a découvert à la suite d'observations attentives du temps les propriétés des *courants d'ondes sous le vent* fort utiles pour le vol à voile.

Fœhn faiblissant **BP**

Les ondes sous le vent sont la continuité des masses d'air montant puis descendant sur les versants d'une montagne dans une situation de fœhn. Celles-ci suivent les ondulations dues au vent qui souffle au-dessus de la montagne (± 10 km) puis atteignent les versants sous le vent plus éloignés (± 100 km). Dans les ondulations du fœhn se forment souvent des *courants d'ondes*, très proches en apparence, qui se trouvent parallèlement à la montagne, sur le versant sous le vent. Sur le plan de la météorologie physique, ils correspondent au schéma présenté aux pages 48 et 49. La condensation de l'humidité résiduelle de l'air provoque la formation de ce type de nuages aux contours fuyants sur le versant au vent, tandis que, sous le vent, en direction de la vallée, apparaît de l'air sec qui continue à descendre (voir la flèche).

« Nuages de fœhn en rouleaux » **BP**

Il peut bien sûr arriver que le fœhn, au sud des Alpes, souffle en sens inverse, venant alors du nord. Il provoque dans ce cas une zone de nuages épais sur le nord des Alpes, tandis qu'il n'entraîne pas un réchauffement sensible dans le sud. En effet, sa température initiale est plus faible au nord des Alpes, et son réchauffement caractéristique n'est pas suffisant : il paraît encore frais en comparaison avec les hautes températures de l'Italie du Nord. Le fœhn peut donc prendre divers aspects, être simple ou complexe sur le plan météorologique. Quoi qu'il en soit, il est rare que l'on puisse saisir parfaitement son phénomène. Le fœhn n'est pas seulement un vent, il s'agit d'un désordre hystérique qui anime les masses d'air. Le « vrai » fœhn souffle rarement, et les statistiques donnant 40 jours de fœhn par an dans les Préalpes du Nord sont forcément erronées.

Situation de fœhn peu avant sa disparition **BP**
(Altocumulus castellanus + lenticularis)

Le fœhn pose des problèmes car il est toujours difficile de prévoir son comportement. C'est pourquoi on annonce rarement des « réchauffements dus au fœhn » ou des « passages de fœhn » dans les bulletins concernant l'évolution d'une dépression se déplaçant au-dessus des Alpes. Il est vivement conseillé aux alpinistes et aux skieurs de randonnée de ne se fier qu'à leurs propres observations par temps de fœhn. Les créneaux (*castellanus*) qui apparaissent sur le contour des images de fœhn (voir la flèche sur la photo ci-dessus) sont signe de mouvements ascendants dans l'atmosphère, dus à la présence d'un front froid rapide qui traverse le secteur chaud de la dépression et le soulève. Ce front peut provoquer, quelque 5 secondes après l'apparition des créneaux, un changement de temps avec une chute brutale de la pression et de la température atmosphériques.

Orage de front *(cumulo-nimbus)* **BP**

Contrairement à la lenteur avec laquelle le cortège de nuages glisse sur le front chaud, l'apparition des mouvements ascendants se produit à une allure folle lorsqu'un front froid se brise et se glisse comme une langue sous l'air chaud qui le précède. Une formation nuageuse turbulente, très élevée, en pleine expansion, apparaît alors sur toute la largeur du front. C'est là que peuvent se former les *orages de front*, dont les signes avant-coureurs sont les cumulus castellanus, comme sur la photo de gauche, par exemple.

Contrairement aux *orages de chaleur* qui n'éclatent que dans la journée et en été, les orages de front peuvent se produire à tout moment du jour et de l'année. Ils sont certes plus courants en été, mais peuvent néanmoins éclater en hiver avec un front froid. Ces cumulo-nimbus ne sont généralement pas isolés ; ils se déplacent en groupe, le plus souvent de front, parfois les uns derrière les autres.

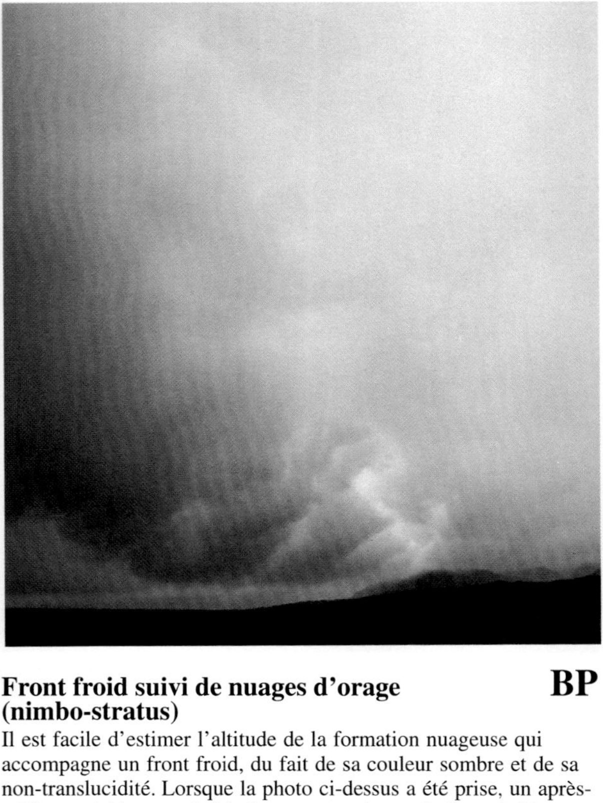

Front froid suivi de nuages d'orage (nimbo-stratus) BP

Il est facile d'estimer l'altitude de la formation nuageuse qui accompagne un front froid, du fait de sa couleur sombre et de sa non-translucidité. Lorsque la photo ci-dessus a été prise, un après-midi vers 14 heures, il faisait presque nuit, car le front froid se rapprochait. S'il n'y eut pas de tonnerre ni d'éclair, de violents orages de neige et de grésil ont éclaté, accompagnés de rafales de vent soufflant entre 90 et 100 km/h et d'une chute de la température de + 8 à – 2 °C en l'espace de 25 minutes.

Contrairement à la lenteur avec laquelle se déplacent les nuages de l'étage supérieur sur le front chaud d'une dépression, ce brusque changement de temps se déroule sur le front froid à grande vitesse, et tout d'abord à l'étage inférieur, car l'air polaire, froid et lourd, se trouve au voisinage du sol. Une formation nuageuse apparaît ensuite, couvrant tout le ciel.

Éclaircie par « temps de traîne » **HP**

On ne peut estimer l'influence de l'anticyclone apparaissant par « temps de traîne » lors d'une dépression qu'avec une connaissance précise de la situation météorologique générale complétée par une observation attentive de la pression atmosphérique à l'aide d'un baromètre. Dans une dépression, l'évolution du temps est toujours imprévisible. Ainsi, la photo ci-dessus peut, sans renseignement complémentaire, être interprétée de deux façons ; cette éclaircie pouvant signifier :

- La formation d'un anticyclone intermédiaire, pouvant constituer un pont de hautes pressions entre l'anticyclone des Açores et une zone de hautes pressions, située au-dessus de la terre ferme, au-dessus d'une rupture du premier.
- L'interruption momentanée de l'activité d'une dépression du fait d'une éclaircie provisoire.

Les vents du sud

Pour conclure cette énumération de situations météorologiques, il convient de mentionner les vents qui soufflent si souvent dans le sud de la France, le mistral et la tramontane. Le Languedoc et la Provence intérieure sont abrités des influences océaniques adoucissantes et de l'action de la Méditerranée par la prépondérance de ces vents. Ils s'établissent par flux général de nord-ouest ou d'ouest en fonction du relief. Le mistral correspond parfois à de l'air venant du nord-est, canalisé par la vallée du Rhône ; il est alors très violent. Ces vents très fréquents ont pour effet de faire chuter la température et d'assurer un ensoleillement important, en gênant la pénétration de la brise de mer.

Le temps variable

Contrairement au temps *stable* provoqué par un anticyclone, la situation météorologique d'une dépression est *variable* et réserve toujours des surprises à son observateur. Les caractéristiques d'une dépression idéale sont les suivantes :

- Une pression atmosphérique basse dans l'ensemble. Elle diminue lentement avant le front chaud, puis reste constante dans le secteur chaud, et diminue ensuite brusquement avant le front froid pour remonter très vite lors de son passage. Si elle continue sa remontée, le temps se stabilise alors qu'une nouvelle chute de la pression annonce une autre dépression.

- Les variations de température sont fonction du front. Dans nos régions, elles se traduisent souvent par des accès de chaleur ou de fraîcheur, surtout au printemps et en automne.

- Dans les secteurs où la pression est basse, l'humidité de l'air est tout d'abord faible avant le front chaud, et il n'y a ni rosée ni gelée blanche. Si cette sécheresse n'est pas accentuée par une situation de fœhn, l'humidité relative remonte par la suite après chaque passage pluvieux. Elle est à nouveau normale (autour de 50 %) dans le secteur chaud, puis remonte fortement dans le front froid pour redescendre encore par la suite. Suivant la direction du vent, le temps provoqué par le front et le secteur chauds est qualifié de temps de sud-ouest, tandis que celui entraîné par le front froid est une situation de nord-ouest. Ce temps variable est donc caractérisé par une évolution, lente au début, puis rapide du fait de l'arrivée du front froid.

Nuages de fœhn en rouleaux

L’année météorologique

Les phénomènes météorologiques qui se produisent au cours d’une année sont certes très variés sous nos latitudes, avec les saisons froides et chaudes, mais ce sont malgré tout toujours les mêmes qui se reproduisent d’année en année. Que le front polaire, responsable des dépressions, se retire et laisse les anticyclones subtropicaux déterminer le temps ou bien que l’inverse se produise, le temps semble toujours impossible à cerner. Notre société de loisirs a du mal à accepter ces fluctuations, pourtant tout à fait normales, et voudrait pouvoir skier à Noël, et profiter de la plage en été.

Les situations météorologiques de nos régions s’expliquent en gros par les lois de l’équilibre qui régissent les interactions de l’anticyclone des Açores et de la dépression d’Islande, dans lesquelles interviennent aussi une zone terrestre de hautes pressions en hiver et une autre de basses pressions en été. C’est pourquoi ce sont presque toujours les mêmes périodes qui se répètent au cours de l’année. Du fait des variations dues à la région ou au moment de l’année, il est toujours très délicat de faire des prévisions sur l’évolution du temps dans un secteur très étendu. Le début de l’année est souvent accompagné de perturbations de basses pressions, entraînant pluie et neige. L’anticyclone terrestre peut ensuite s’imposer, provoquant les rudes gelées d’hiver. Ce temps reviendra sans doute en mars, après un mois de février souvent variable. En avril, tout est possible, ou presque, tandis que mai et juin marquent en principe le début de la belle saison, avec une brève situation de hautes pressions. Juillet et août sont les mois d’été par excellence, donc souvent les plus chauds ; ils sont soumis à une dépression, car la terre est surchauffée par rapport à la mer, relativement fraîche. La fin du mois d’août est souvent orageuse alors que la fin septembre bénéficie d’un temps plus clément avec l’été de la Saint-Martin et ses belles journées ensoleillées. Puis le mauvais temps revient, avec ses pluies et ses averses de neige. Il est bien évident que ce tableau simplifié de l’année météorologique correspond à la moyenne des situations, et n’est donc pas du tout caractéristique des extrêmes comme la Corse et le nord du pays.

Collectionner les nuages, un passe-temps passionnant

La chasse et la cueillette ont toujours été les occupations favorites de l'homme. Aujourd'hui, nous prenons conscience de notre besoin de nature, et ce genre d'activité connaît un regain d'attraction. Toutefois, notre environnement naturel s'est rétréci et appauvri. Il ne reste plus grand-chose à chercher, à chasser ou à trouver.

Le ciel, avec ses nuages, est l'un des espaces naturels qui soient restés le plus intacts, et sur lequel nous pouvons jeter notre dévolu de collectionneur. Tout le monde peut se livrer à cette occupation, car les nuages n'appartiennent à personne. Un collectionneur de nuages ne gêne donc en rien les autres adeptes de sa passion. Chacun le fait à sa façon, un amateur observe ses nuages à l'œil nu, tandis qu'un autre, plus professionnel, les prend en photo ou les filme en accéléré. Les nuages sont des objets de collection pratiques, car leurs photographies ne prennent que peu de place. Avec un peu d'expérience, vous prendrez de très belles vues de paysages, car celles-ci sont toujours étroitement liées au ciel et au temps. Collectionner les nuages est donc un jeu et un moyen très enrichissant d'occuper ses loisirs.

Renseignements pratiques

Pour obtenir le dernier bulletin météorologique
vous intéressant, vous pouvez appeler les numéros suivants :

• prévisions générales France entière : 08 36 68 01 01

• prévisions DOM-TOM (cyclones) : 08 36 68 02 00

• prévisions pays étrangers : 08 36 70 00 00

• prévisions sur 5 jours pour la région d'appel :
08 36 68 00 00

• prévisions sur 5 jours par département :
08 36 68 02 (+ n° du département)

• renseignements montagne : 08 36 68 04 04

• renseignements neige et avalanches : 08 36 68 10 20

• renseignements maritimes pour l'ensemble du littoral
(au large) : 08 36 68 08 08

• renseignements maritimes par département (littoral) :
08 36 68 08 (+ n° du département)

• renseignements aviation légère : 08 36 68 10 13

• renseignements aviation ultra-légère (vol à vue, ULM,
planeur) : 08 36 68 10 14

Pour toute autre information, vous pouvez écrire à :
Météo France
Service météorologique interrégional Île-de-France
2, avenue Rapp – 75007 Paris
Tél. : 01 45 56 71 71